领读者书系

笛卡儿几何

（少年轻读版）

李文林◎著

猫先生漫画工作室◎绘

$$\frac{x^2}{a^2} - \frac{y^2}{b^2} = 1$$

$$\frac{y^2}{a^2} - \frac{x^2}{b^2} = 1$$

北京科学技术出版社

100层童书馆

图书在版编目（CIP）数据

笛卡儿几何 ：少年轻读版 / 李文林著 ；猫先生漫
画工作室绘. -- 北京 ：北京科学技术出版社，2025.
（领读者书系）. -- ISBN 978-7-5714-4563-8

Ⅰ. O182-49

中国国家版本馆CIP数据核字第20250RU872号

策划编辑：刘婧文　张文军
责任编辑：刘婧文
营销编辑：何雅诗
图文制作：天露霖文化
责任印制：李　茗
出 版 人：曾庆宇
出版发行：北京科学技术出版社
社　　址：北京西直门南大街16号
邮政编码：100035
电　　话：0086-10-66135495（总编室）
　　　　　0086-10-66113227（发行部）
网　　址：www.bkydw.cn
印　　刷：雅迪云印（天津）科技有限公司
开　　本：889 mm×1194 mm　1/32
字　　数：32千字
印　　张：2.5
版　　次：2025年6月第1版
印　　次：2025年6月第1次印刷
ISBN 978−7−5714−4563−8

定　　价：28.00元

北科读者俱乐部

目　录

笛卡儿，欧洲文艺复兴以来，第一个为人类争取并保证理性权利的人。

——笛卡儿墓志铭

一部改变历史的数学名著

《笛卡儿几何》是一本很厉害的书。这本书翻译成中文大概只有100页。这样一本薄薄的小册子，却是一部改变历史的数学名著。

为什么这样说呢？

因为它是解析几何的开山之作。

你可能想问，**什么是解析几何呢？**

解析几何也叫坐标几何，是你们上中学后会接触到的概念。

一开始你们会学习在平面上建立一个直角坐标系，通过线条可以将平面上的一点与一对数值 x 和 y 对应起来，进而可以通过方程中 x 与 y 的变化来描画平面上点的运动轨迹，使代数方程与平面曲线联系起来，这就是平面解析几何。

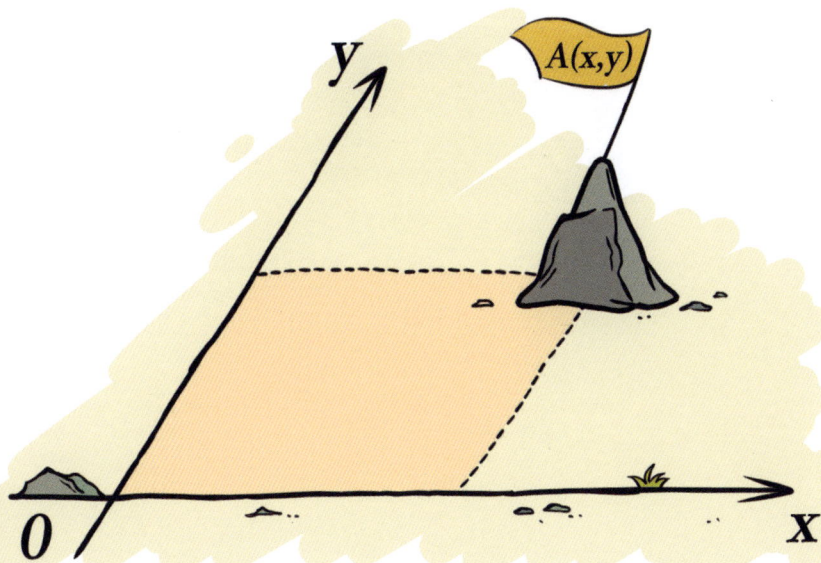

　　随着学习的深入，你们日后还会学到立体解析几何。我们可以看到，通过这样的方式，**数字与图形结合**了起来。

　　《笛卡儿几何》一书就体现了笛卡儿提出的这种关于数学和科学的全新理念，他将代数学引入几何学，**通过建立坐标系实现了几何图形与代数表达式之间的转换**，从而开辟了数学研究与应用的新天地。

解析几何与微积分被公认为近代数学兴起的两大标志。微积分是在解析几何这个舞台上演出的大戏，因此，我们可以说，没有解析几何就不会有微积分，没有笛卡儿的成就甚至也不会有牛顿的理论*。

---

* 莱布尼茨与牛顿是微积分的两位独立发明者，他们的微积分理论也有一定的区别。这里主要强调的是笛卡儿对牛顿的影响。

有资料表明，笛卡儿是引导牛顿发明微积分的主要前驱之一，如果没有笛卡儿的解析几何，那么微积分、牛顿力学乃至相对论里的很多创新都是不可想象的，甚至连计算机也难以诞生。

　　可见，解析几何是多么重要！

综上所述，《笛卡儿几何》是一部**改变历史的数学著作**，它所提出的解析几何与微积分一起为描述运动与变化提供了基本的数学工具，从而为文艺复兴以后的科学革命与技术进步奠定了数学基础。

同时，这也是一部**集学术价值和教育意义于一体**的经典著作，值得我们仔细阅读，探究其中的数学与科学奥秘。

接下来，我将带领大家较为全面地阅读《笛卡儿几何》一书，探索并感受书中蕴含的伟大思想和伟人智慧。

《笛卡儿几何》与解析几何

　　到目前为止，我们一直在聊一个词——解析几何。但是如果你翻开《笛卡儿几何》，就会发现书里并没有这个词，甚至"坐标系"之类的相关词也没有出现。

　　那为什么我们会说是笛卡儿发明了解析几何呢？

　　我想，这需要我们知道《笛卡儿几何》究竟讲了什么。

解析几何的诞生

在了解《笛卡儿几何》的内容之前，我先讲一个关于解析几何诞生的有趣故事。笛卡儿究竟是如何创立解析几何的呢？据说跟三个梦有关。

1619 年的冬天，在德国乌尔姆的多瑙河河畔的一个军营里，笛卡儿当时正在当兵，他在晚上思考问题时，想着想着就睡着了，然后做了三个奇怪的梦。

这就是科学史上有名的"笛卡儿之梦"。单看这几个梦，无论是用弗洛伊德的"梦的解析"理论，还是用我国的周公解梦，大概都很难分析出它们与解析几何有什么关系。

　　笛卡儿本人却说，正是这三个连贯的梦向他提示了"一门奇特的科学"和"一项惊人的发现"。

　　这三个梦后来成为每部介绍解析几何诞生的著作里必提的佳话，也成为一些笛卡儿传记以及与解析几何相关的历史书中的一个经典故事。

俗话说"日有所思，夜有所梦"，无论这三个梦应该如何理解，但至少我们知道，大概是因为笛卡儿一直在思考一些复杂的问题，所以才做了这些奇怪的梦。那他日夜思考的是什么问题呢？

要想找到答案，我们必须去阅读笛卡儿的著作。

笛卡儿的大部分著作是哲学著作，读了这些书就会发现，如果要举例说明哲学方法论引导了重大的数学创新，笛卡儿的解析几何是最典型的例子。

事实上，《笛卡儿几何》并不是一部独立著作，它是笛卡儿的哲学著作——1637年出版的《谈谈方法》的附录。《谈谈方法》的原名是"谈谈正确运用自己的理性在各门学问里寻求真理的方法"，但如今译本多采用"谈谈方法"这个简化的书名。这本书有三篇附录，分别是"几何学""气象学"和"折光学"。

在《谈谈方法》中，笛卡儿系统地提出了自己的方法论与观点，也批判了前人提出的几何学，主要针对的是欧几里得的几何。笛卡儿说它太讲究形与相，而近代西方的代数学则太受法则与公式的束缚。

笛卡儿想把几何与代数这两门科学结合起来，取长补短——这道出了《谈谈方法》中与解析几何有关的一个核心思想，解析几何呼之欲出！

《笛卡儿几何》的前奏——
《探求真理的指导原则》

笛卡儿还有一部与《笛卡儿几何》关系密切的哲学著作，叫《探求真理的指导原则》（以下简称《指导原则》）。

在笛卡儿撰写《指导原则》的时候，经院哲学盛行。为了用基督教牢牢地控制人们的思想，经院哲学极力贬低理性，极力宣扬对基督教教条的盲目信仰和崇拜，让人们不容置疑地崇拜古代哲学中所谓伟大人物的权威。

笛卡儿在《指导原则》里直截了当地批判经院哲学的三段论法则，他说三段论不能帮助人们发现新的事物，古希腊人只告诉了人们怎么证明一个已经知道的东西，但没有告知他们怎么发现真理。笛卡儿花了很多篇幅来批判，他说要去寻求一种可以用于发现真理的方法，这种方法是一般而普遍适用的，它能让普通人自己发现真理。

探求真理的指导原则

那么这种普遍的发现真理的方法是什么呢？

是"通用数学"*。

虽然"通用数学"这一名词在笛卡儿的著作中只出现过一两次，但它的内容是清楚的，就是把一切问题转化为数学问题，然后把一切数学问题转化为代数问题。代数问题就是解方程。

---

* 原文为 mathesis universalis，也译为"普遍数学"或"普遍科学"。

代数方程可能是一个多元高次方程，要把它转化成一元高次方程，然后求解，这样就把问题解决了。然而，《指导原则》到此戛然而止，转化成一元高次方程以后怎么办，书中没有回答。

若把《指导原则》与《笛卡儿几何》对照一下，我们会发现这个终止的地方就是《笛卡儿几何》开始的地方。《笛卡儿几何》正是《指导原则》里的通用数学方案在几何学领域的具体实施。

《笛卡儿几何》第一章开宗明义：

只要取一个单位，让所有的线段都可以用该单位来度量，这样就有了一个量化的数字；有了该数字后，就可以定义线段之间的加减乘除关系，从而使"在几何中使用算术符号"成为可能。

这样就可以把所有的几何问题转化成代数方程，利用方程解决各种问题。因此，**解方程是解决各类问题的终极手段**——这也是《指导原则》的核心思想。

解决问题的关键——《笛卡儿几何》

我们已经了解了《笛卡儿几何》是为了解决什么问题而诞生的，**那么该书究竟是怎么解决"解方程"这个问题的呢**？

第一章伊始，笛卡儿举了一个贯彻全书的重要例子，是公元4世纪的古希腊数学家帕普斯提出的：

平面上有一点和 n 条彼此相交的直线时，如果按照一个事先设定的角度来测量这一点与这 n 条直线之间的距离（也就是从点 C 出发，以固定角度向 n 条直线作线段），就会得到 n 条线段，而这 n 条线段之间是满足一定条件的。

当 n 等于 4 时，即给定四条直线的情况下，从点 C 出发所作的四条线段中每两条线段的乘积与另外两条线段的乘积之比是一个常数。

这就是所谓的**四线问题**。如下图中的点 C，对 l_1、l_2、l_3 和 l_4 这四条线以固定角度所作的相交线段分别是 CP、CQ、CR、CS，则 CP 和 CR 的乘积与 CQ 和 CS 的乘积之比是一个常数，如下所示：

$$\frac{CP \cdot CR}{CQ \cdot CS} = k \quad （k \text{ 为常数}）$$

帕普斯

那么在比值 k 不变的情况下，改变点 C 在平面上的位置，它的轨迹就会形成一条曲线。这条曲线会是什么样的呢？

曲线

帕普斯说应该是一条圆锥曲线，但是他没有给出证明。 在这之后的 1 000 多年里，很多数学家都希望能够证明这一说法，但是都没成功。

到笛卡儿生活的时代，这个问题已经是一桩千古疑案、一个千年难题了。

笛卡儿为此建立了一个斜坐标系，他取图中的点 A 为原点，给定直线中的 l_1 为 x 轴，与点 C 到该线所作线段 CP 平行的直线为 y 轴，这样点 C 的坐标为 (x, y)。

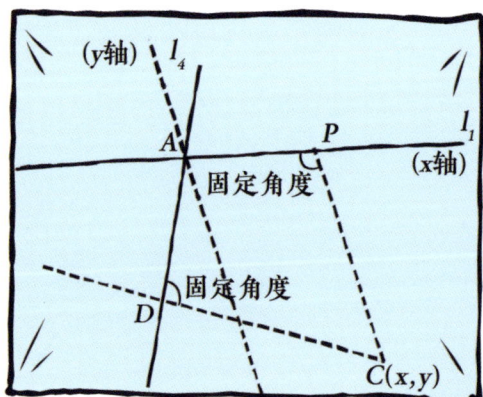

由于过点 C 所作的线段与各直线间夹角均已知且固定，借助平面几何与三角学知识，点 C 与其他直线的引线线段就可由 x、y 和已知角度的三角函数值来表示，将这些表示式代入条件等式中，便得到了一个二次代数方程，也就是说，笛卡儿推导出点 C 移动的轨迹坐标应该满足这个二次方程。

　　接着，笛卡儿用几何作图的方法解了这个方程，证明了这个二次方程表示的轨迹应该是一条圆锥曲线。

笛卡儿解决了 $n=3$、$n=4$ 时的三四线的问题。那么，当平面上有五条线、六条线，一直到 n 条线，情况会是什么样呢？

笛卡儿表示，在这些情况下，需要求解的方程次数应该比二次方程高，也就是说需要解三次、四次甚至更高次的方程，求解这些方程就不能依靠直线与圆的作图来解决了，而是要用到更高阶、更复杂的曲线，那么为了解决问题，就需要对曲线做更深入的了解。

小朋友们，上述内容你们可能看得云里雾里，这是因为你们不太理解其中的很多概念。

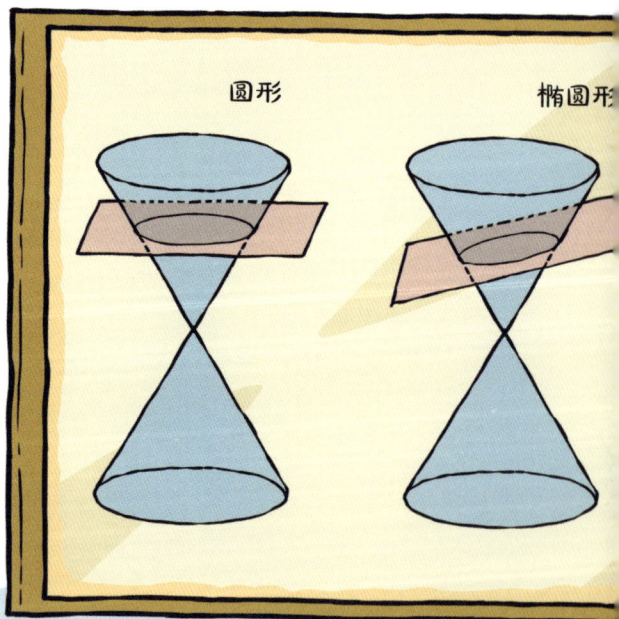

圆形　　　　　　　　　　　　椭圆形

我可以先简单为你们解释一二。

首先，帕普斯说的圆锥曲线是什么呢？

圆锥曲线是用一个平面去截一对顶点相连的二次圆锥得到的曲线，这可能有很多种情况，比如截出圆、抛物线或者双曲线等。

抛物线

双曲线

多元高次方程

$$x^3 + 2y^2 + 2 + 9 = z^2 + 5$$

$$x^2 + x + 1 = 3$$

一元二次方程

$$x + 3y = 6$$

二元一次方程

$$2x + 3 = 7$$

一元一次方程

那什么是高次方程呢？

　　我们在小学时都会学到一元一次方程，有一个未知数且其次数为 1；等到我们大一些，就会学到二元一次方程、一元二次方程等，未知数和次数越来越多。我们会发现，越是多元高次方程，解起来就越困难，它们在坐标系上呈现的曲线也越复杂。

在第二章里，笛卡儿主要讨论曲线及其性质。在这一章里，笛卡儿更加系统地发展了他的坐标几何的方法。在比较细致地描绘曲线及其性质后，在第三章里，他又回到了前面的问题——求解三次、四次、五次、六次方程。

　　笛卡儿用几何作图的办法来解方程，给出了一套标准的几何作图方法，这样就从理论上彻底解决了帕普斯的问题。

　　虽然这些看起来还是很难，但是没关系，日后学习数学的过程中，你们都会慢慢接触到，重要的是，你们可以在此先了解笛卡儿解决问题的思路——**建立坐标系**。

　　跳出原有几何图形，用数字关系重新表达问题，再回归到方程求解，最后用几何作图求解方程。

　　这是非常富有想象力且超前的想法。

讲完《笛卡儿几何》的主要内容后，我们会发现，书里虽然没有出现"解析几何"这个名称，也没有"坐标""坐标系"这样的术语，但是它的确引进了坐标系统，而且建立了曲线、平面图形与代数方程之间的对应关系。这其实就是解析几何的实质。

帕普斯难题是笛卡儿精心设计的例子，它贯穿全书，不仅是解释笛卡儿方法的一个载体，更显示了这种新方法的威力——**解决千年难题只在弹指一挥间！**

《笛卡儿几何》中的"普遍真理"

笛卡儿把几何问题转化为代数问题后，也把方程按照复杂程度，也就是按次数分了类：一二次的是第一类，三四次的是第二类，五六次的是第三类……越往后复杂程度越高。他从最简单的一二次方程开始，探索出一套标准的几何作图的解法，他希望所有人都可以照搬这种解方程的方法——这种方法是机械化、程序化、算法化的，是一个"普遍真理"。

二次方程　　　　　　三、四次方程

在第一章里，笛卡儿让一条直线跟一个圆相交，取交点的横坐标，解了二次方程。

第二章讲曲线的性质，其实是一个过渡章，是为了引出怎么用高次曲线解更高次的方程。

到了第三章，他回到高次方程的作图，将一条抛物线与一个圆的交点的横坐标作为三四次方程的解，这个解是二次曲线与一个圆的交点。

之后笛卡儿花了很多篇幅来解五六次方程，这又高了一个等级。他用到了一条叫作"半立方抛物线"的曲线。

如下图所示，让抛物线 CDF 沿着纵轴上下滑动，由于 DE 为一个特定值，所以直线 AE 会绕定点 A 旋转，抛物线 CDF 与直线 AE 的交点 C 描绘出一条曲线 ACN，笛卡儿称其为"半立方抛物线"，这是一条三次曲线。

笛卡儿证明这条曲线与圆 CPN 的交点距 DE 所在直线的距离就是五六次方程的解。

笛卡儿在解五六次方程的时候用了解三四次方程的曲线——抛物线（二次曲线），让抛物线和直线一个移动、一个旋转，产生可以求解五六次方程的曲线——半立方抛物线（三次曲线），这就是笛卡儿解方程的标准方法。有学者把这一通过解低次方程的曲线产生解高一等次方程曲线的过程简称为"移动曲线、旋转直线"。

　　"移动曲线、旋转直线"是关键的机械作图程序，笛卡儿说比五六次方程更高次、更复杂的方程也可以用此方法求解，但是他没有再推导具体例子。

虽然我们不一定能理解这些曲线，但能看出，《笛卡儿几何》讲的是一种方法，也就是前述"通用数学"在几何领域的具体实施方案——**把一切数学问题转化为代数问题，再把代数问题转化为解方程问题**。而解析几何是这个实施过程中的一个副产品。

笛卡儿最大的梦想是提出一个远比解析几何宏大的数学方案，用今天的话来讲，就是要把数学乃至整个科学机械化，用一套固定的程序和方法来解决所有问题，让普通人也能发现真理。

余韵未尽——
《笛卡儿几何》的影响

笛卡儿在《笛卡儿几何》的最后说了一段意味深长的话：

"我希望后世给予我仁厚的评判，不单是因为我对许多事情做出的解释，而且也因为我有意省略了的内容——那是留给他人享受发现之愉悦的。"

那他省略了什么？

他希望大家体验什么样的"发现之愉悦"？

乐趣

虽然解析几何只是笛卡儿更宏大的通用数学方案的一个副产品，但是解析几何早已使笛卡儿作为创立者名垂青史，得到了一片好评。

笛卡儿最大的梦想，即实现数学乃至整个科学机械化，用解方程的方法来解决所有问题，却迟迟未得到大家的"好评"。

　　直到 20 世纪，数学家波利亚才对此作出评价。他认为虽然**笛卡儿的计划失败了，但它仍不失为一个伟大的计划**。而且即使失败了，它对数学的影响也超过了偶尔获得成功的千万个小计划。尽管笛卡儿的方案不是在所有情况下都可行的，但它确实对无穷多种情形有效，其中包括无穷多种重要的情形。

我们回过头来再看看笛卡儿的方案。他想把无论人文、经济、科学等领域的问题都转化为数学问题。

数学问题必须再转化为代数问题，这实际上是将问题归结为一个有多个未知量的代数方程，再把多元方程转化成只有一个未知量的方程，最后用标准的几何作图方法来解决问题。

五次方程
六次方程

　　这种方法有两个很大的难点。

　　一个是**更高次方程求解的计算困难**。

　　笛卡儿在《笛卡儿几何》中只给到了五六次方程的求解例子，而更高次的情况怎么求解，他没有给出具体示例。

事实证明，如果用笛卡儿这种机械式方法解更高次的方程，计算量是非常惊人的，在当时根本不可行。在笛卡儿之后，很多数学家尝试研究和计算此问题，最后都因计算量太大而以失败告终。

　　笛卡儿提出的方法是超越时代的，在当时并没有计算工具能满足他的需求。

另一个更致命的难点是**怎么把多元高次方程转化成一元方程**。

这需要消元。

但是多元高次方程消元一直没有什么成熟的方法。19世纪时才有欧洲的数学家谈论这个问题并做了系统的研究，但也没有发现一套系统、完整的消元方法，这就更说明了这个难点之难。

由于上述困难的存在，17世纪后半叶开始，数学家们对笛卡儿提出的多元高次方程求解问题的热情迅速消退，甚至完全消失。

　　不过，数学家们花了很大的精力去发展《笛卡儿几何》里的坐标几何，把它系统化并**扩展到了三维空间**，变成我们今天所学的成熟完整的解析几何学。

计算机普及以后，数学家们才又重拾笛卡儿数学机械化的梦想，而且因为计算机的普及与应用，消元问题也取得了很大进展。

　　目前国际上公认的最重要的进展就是我国的吴文俊院士提出的数学机械化的方案。吴院士的方案也是把所有问题转化为代数方程，得出一个多元高次方程，然后消元，是**笛卡儿方案的延续**。吴院士发明了在计算机上有效地执行消元的方法，在国际上被称为"吴方法"。

吴文俊

总之，进入 20 世纪后，由于计算机的出现及其强大的运算能力，数学界对《笛卡儿几何》中数学机械化方案的讨论又开始热闹起来，这让笛卡儿方案的实现显现了一丝曙光。这些也是该书的"余韵"，促使我们不断去发现新的方法，体验追求真理的快乐。

理性主义的旗手——笛卡儿其人

理性主义

　　"书如其人、文如其人"是一个常谈常新的话题。古人告诉我们，谈书也要谈人，谈书就是在谈人。

　　让我们将目光聚焦于笛卡儿这个人身上，看看一部伟大著作的作者究竟是怎样的人。

理性思维的兴起

　　笛卡儿出生在一个对法国文化做出过重要贡献的贵族家庭。他的父亲是布列塔尼议会的一名议员，他的母亲在他很小的时候就去世了。

　　在他 10 岁时，父亲把他送进了教会学校。在教会学校接受教育的 8 年中，有两件事让他终身受益。

一件是养成了 **晨思的习惯**。

笛卡儿小时候身体很孱弱，所以他父亲拜托学校校长照顾他。当时教会学校有晨练，校长就没让笛卡儿参加。笛卡儿也没在别人训练时睡觉，而是思考问题、思考人生——这就是晨思。

他一直保持着晨思的习惯，直到生命的最后时刻。

另一件重要的事情是，**同班同学马林·梅森成了他终身的好友**。梅森后来成了一名神父，也成了一名科学家，他居住在巴黎，他的住所成为了欧洲众多学者交流知识、交流思想的中心。

大家会把想法写进信里，将信件寄到梅森那里。笛卡儿也经常和梅森交流思想，梅森将其思想传播到欧洲各地，引发大家再交流。在这种科学交流中，理性思维逐渐兴起。

马林·梅森

笛卡儿生活的时期属于文艺复兴末期。在这个时期，由于广泛的科学交流，资产阶级的思想有了很大进步，他们的政治地位也有了很大提高。

　　在 17 世纪初期，教会仍有较大势力，被教会定为正统的亚里士多德学说仍然拥有较高地位，而且其地位是不容置疑的。

　　1624 年，巴黎的一个神学院甚至颁布了一条命令：如果有人宣传有悖于正统、没有得到神学院认可的学者的观点，那就会被判处死刑。

在笛卡儿所处的圈子里，大多数人的思想是比较开放的，他们大力提倡新的思想，反对正统思想。他们经常聚在一起讨论哥白尼的"日心说"和其他新学说。

在这群人中，笛卡儿更是一位高举理性主义大旗的旗手，**他保持着高度的怀疑精神和批判精神**。这也是《笛卡儿几何》中解决问题的整体思路与传统方法大相径庭的原因之一。

"我只要求安宁和平静！"

笛卡儿一生淡泊，性喜清静。

他说过一句话：**"我只要求安宁和平静！"**
这是他一生坚守的生活理念。

很多人会产生疑问，追求"安宁和平静"
的笛卡儿，怎么一生奔波，甚至还去当了兵？

　　笛卡儿的确是一个**矛盾的学者**。他早年未能在巴黎找到"宁静"，却在军队生活里找到了。

　　当然，打仗无法带来宁静，但是他可以在军营里思考问题、做梦。1619年，笛卡儿除了在冬天做了三个神奇的梦，还在生日前不久给好友伊萨克·皮克曼写了一封信。

　　这封信出现在霍金编评的《上帝创造整数——改变历史的数学名著》一书中。

上帝创造整数
改变历史的数学名著

17位数学家

31部作品

在这本收录了 17 位数学家、31 部作品的书中，笛卡儿的作品是唯一一部被全书照录的。霍金很会抓重点，他把那封信也收录进书中，而那封信的内容几乎概括了前文提到的《指导原则》。

这说明至少从 1619 年开始，笛卡儿就在思考用一种普遍的数学方法来发现真理。**他追求的宁静是一种利于他思考的环境。他也能适应各种环境，始终坚持思考。**

　　有趣的是，笛卡儿实际是个文武双全的人，他曾经参与了白山战役。他还曾因为在战斗中表现出色差点儿成为陆军将军，只不过他拒绝了。

　　在军队中，笛卡儿一边参加战斗，一边也没有忘记对他来说最重要的事情，那就是思考他的哲学方法论。这个方法论后来还应用到了多个领域，比如数学、光学和气象学。

　　这也给了我们很多启示。我们在看待笛卡儿时不要把他看得非常单一，人可以是十分复杂的。

同时我们也要知道，"宁静"是笛卡儿从奋斗中得来的，所以我们应该勇于接受各种环境的考验，要有适应各种环境的能力，既能保护自己，同时也能发展自己。

1628年，笛卡儿来到了荷兰，度过了一段在外漂泊的日子，从1643年开始定居于荷兰埃赫蒙德的一个安静村庄。在这里他有一栋房子，还有一个小花园，他每天思考科学，在花园耕耘，近乎隐居。

这种平静的生活在 1649 年被打破了。这年，瑞典女王克里斯蒂娜邀请笛卡儿到斯德哥尔摩担任宫廷哲学家和她的私人教师。**女王是笛卡儿的崇拜者**，为了表示对知识的尊重，她专门派了一位海军大臣指挥一艘军舰去迎接笛卡儿。

笛卡儿虽不情愿，但也无法推辞，只能很勉强地接受了邀请，离开了他在埃赫蒙德的世外桃源。据说他离开时，把他在埃赫蒙德的小房子的门锁上后，一步三回头，恋恋不舍地告别了那个有小花园的住所。

瑞典的冬天非常寒冷，而笛卡儿必须在每天清晨5点准时赶到皇宫为女王授课。这意味着在北欧的严冬中，凌晨三四点他就要起床，在寒风呼啸中乘着马车穿过斯德哥尔摩的街巷。在马车里，笛卡儿或许还坚持"晨思"，或许也想去适应这里的环境，但他孱弱的身体终究无法适应那里的气候。

　　1650年初，笛卡儿感染肺炎，抱病不起，同年2月与世长辞，永远停止了思考，享年53岁。

"我思故我在！"

笛卡儿一生都在思考，在数学、物理学、天文学、气象学、生理学等领域均有深入研究，并取得了巨大成果，一生成就辉煌。

在数学领域，他把几何和代数结合起来，创立了解析几何学，打开了近代数学的大门。

在物理学领域，他第一次明确地提出了动量守恒定律。

在天文学领域，他第一次借助力学而不是神学解释了太阳、行星、卫星、彗星等天体的形成过程。

在气象学领域,《气象学》使他成为用科学方法研究天气变化的第一人。

在生理学领域,笛卡儿提出了"刺激反应说",为生理学的发展做出了不可忽视的贡献。

笛卡儿也因其哲学上的成就而被人们称为"西方现代哲学之父"。

数学

天文学

我思故我在

如今，提起笛卡儿，很多人会想到他那句名言——"我思故我在"。

《笛卡儿几何》的内容和写作思路都体现出笛卡儿不迷信权威、向传统挑战的巨大勇气。

他曾说："要想追求真理，我们必须在一生中尽可能地把所有事物都怀疑一次。"世界上最先需要怀疑的就是"我在怀疑"这件事。"我在怀疑"说明"我在思考"，因而说明"我"确实存在。

这就是"我思故我在"的由来，它成为笛卡儿唯理主义的一面旗帜。

这句话虽然看起来颠倒了物质与精神的关系，但其实是主张用怀疑的态度代替盲从和迷信，认为**只有依靠理性才能获得真理**。

在当时传统思想仍占优势地位的情况下，笛卡儿举起的这面理性主义大旗冲破了信仰主义的重重阻碍。

　　只有通过理性思考才能获得真理，这在当时不仅打击了经院哲学的权威，也为笛卡儿自己的科学发现开辟了一条崭新的道路。这种主观怀疑成为笛卡儿后续推论的基石。

　　对笛卡儿来说，**哲学方法论对数学创新起到了引导作用**，《笛卡儿几何》是其哲学方法论的一个产物。这是一种很少见的情况。

推动数学发展的矛盾一般有两个，一个是**外部矛盾**，也就是**生产力的发展与落后的数学工具之间的矛盾**。

比如微积分的诞生，就是因为资本主义生产力得到了发展。譬如人们发明了炮弹，然后需要不断改进炮弹的尺寸和射程，这就需要更复杂的数学运算。

生产实践的需要和社会的需要等实际的问题推动了微积分的诞生。

另外一个就是**内部矛盾**，是来自**数学研究自身的问题**。

比如非欧几何（非欧几里得几何）的诞生，是因为数学家们对欧几里得几何的第五公设产生了怀疑。

这样的创新是出于理论内部逻辑上的需要，由数学家去思考并推导出来。

　　解析几何的诞生与这两种情形都有所不同。它源于哲学思考，源于笛卡儿想寻找一种发现真理的普遍办法，并且是一种数学的方法。**这种理性的思考推动笛卡儿前行，而在前行的路上，他撬动了一块叫作"解析几何"的巨石。**

　　思考的力量由此可见。

笛卡儿的墓碑上刻着这样一句话："笛卡儿，欧洲文艺复兴以来，第一个为人类争取并保证理性权利的人。"

　　笛卡儿的理性思考让他踏上了数学机械化的道路，而这条道路在计算机时代迎来了曙光。小朋友们，希望你们有朝一日可以去读一读《笛卡儿几何》，去读一读笛卡儿的其他著作，去感受这种理性思考的魅力。这个世界需要科学，而科学需要理性的思考！

笛卡儿几何

通用数学

目标

理性主义的旗手

《探求真理的指导原则》

前提

喜欢思考

保持批判和怀疑 ← 性格特点 ←  作者:笛卡儿 ← 《笛卡儿几何》

追求宁静

地位

多个领域成就辉煌

改变历史的数学名著

解析几何

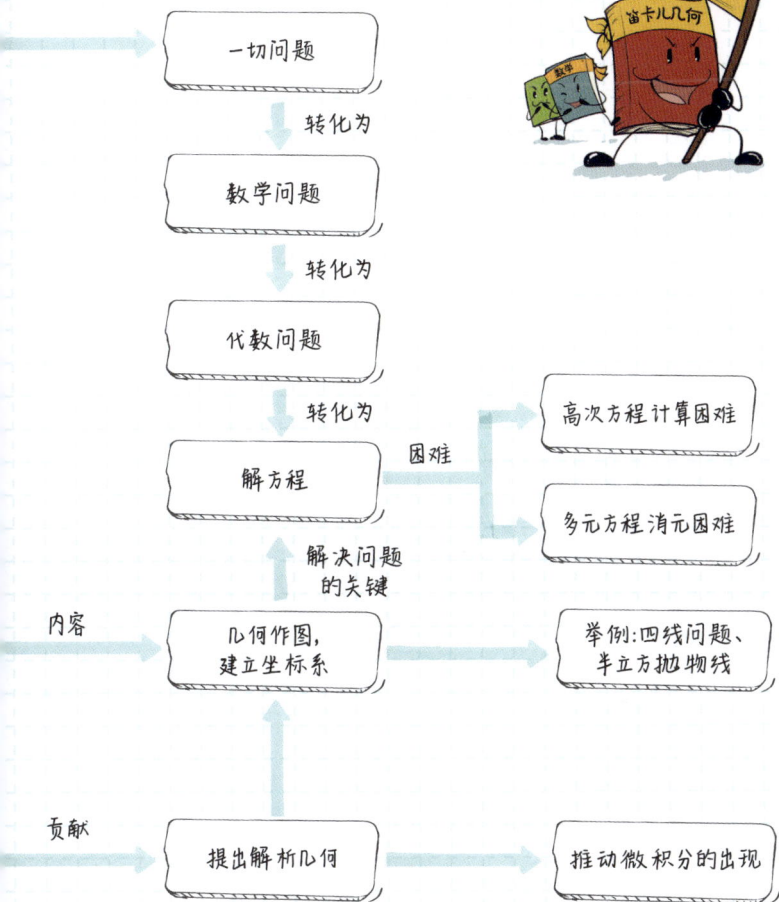

一切问题

转化为

数学问题

转化为

代数问题

转化为

解方程 —— 因难 ——→ 高次方程计算困难

—→ 多元方程消元困难

解决问题
的关键

内容 ——→ 几何作图，
建立坐标系 ——→ 举例：四线问题、
半立方抛物线

贡献 ——→ 提出解析几何 ——→ 推动微积分的出现

解析几何

笛卡儿几何

数学

领读者书系：
科学经典篇
（第一辑）